百角文库

太阳和他的"兄弟姐妹们"

朱志尧 编著

中国少年儿童新闻出版总社
中国少年儿童出版社

北　京

图书在版编目（CIP）数据

太阳和他的"兄弟姐妹们"/ 朱志尧编著 . -- 北京：中国少年儿童出版社 , 2024.1（2024.7重印）

（百角文库）

ISBN 978-7-5148-8444-9

Ⅰ . ①太… Ⅱ . ①朱… Ⅲ . ①太阳系 – 少儿读物 Ⅳ . ① P18-49

中国国家版本馆 CIP 数据核字 (2024) 第 006987 号

TAIYANG HE TA DE "XIONGDIJIEMEIMEN"
（百角文库）

出版发行：中国少年儿童新闻出版总社
中国少年儿童出版社

执行出版人：马兴民

丛书策划：马兴民 缪 惟		美术编辑：徐经纬
丛书统筹：何强伟 李 橦		装帧设计：徐经纬
责任编辑：张 靖		标识设计：曹 凝
责任校对：杨 雪		封 面 图：晓 劼
责任印务：厉 静		

社　　址：北京市朝阳区建国门外大街丙 12 号　　邮政编码：100022
编 辑 部：010-57526303　　总 编 室：010-57526070
发 行 部：010-57526568　　官方网址：www. ccppg. cn
印刷：河北宝昌佳彩印刷有限公司
开本：787mm ×1130mm 1/32　　印张：3.5
版次：2024 年 1 月第 1 版　　印次：2024 年 7 月第 2 次印刷
字数：40 千字　　印数：5001-11000 册

ISBN 978-7-5148-8444-9　　定价：12.00 元

图书出版质量投诉电话：010-57526069　　电子邮箱：cbzlts@ccppg.com.cn

序

提供高品质的读物，服务中国少年儿童健康成长，始终是中国少年儿童出版社牢牢坚守的初心使命。当前，少年儿童的阅读环境和条件发生了重大变化。新中国成立以来，很长一个时期所存在的少年儿童"没书看""有钱买不到书"的矛盾已经彻底解决，作为出版的重要细分领域，少儿出版的种类、数量、质量得到了极大提升，每年以万计数的出版物令人目不暇接。中少人一直在思考，如何帮助少年儿童解决有限课外阅读时间里的选择烦恼？能否打造出一套对少年儿童健康成长具有基础性价值的书系？基于此，"百角文库"应运而生。

多角度，是"百角文库"的基本定位。习近平总书记在北京育英学校考察时指出，教育的根本任务是立德树人，培养德智体美劳全面发展的社会主义建设者和接班人，并强调，学生的理想信念、道德品质、知识智力、身体和心理素质等各方面的培养缺一不可。这套丛书从100种起步，涵盖文学、科普、历史、人文等内容，涉及少年儿童健康成长的全部关键领域。面向未来，这个书系还是开放的，将根据读者需求不断丰富完善内容结构。在文本的选择上，我们充分挖掘社内"沉睡的""高品质的""经过读者检验的"出版资源，保证权威性、准确性，力争高水平的出版呈现。

通识读本，是"百角文库"的主打方向。相对前沿领域，一些应知应会知识，以及建立在这个基础上的基本素养，在少年儿童成长的过程中仍然具有不可或缺的价值。这套丛书根据少年儿童的阅读习惯、认知特点、接受方式等，通俗化地讲述相关知识，不以培养"小专家""小行家"为出版追求，而是把激发少年儿童的兴趣、养成正确的思考方法作为重要目标。《畅游数学花园》《有趣的动物语言》《好大的地球》《看得懂的宇宙》……从这些图书的名字中，我们可以直接感受到这套丛书的表达主旨。我想，无论是做人、做事、做学问，这套书都会为少年儿童的成长打下坚实的底色。

中少人还有一个梦——让中国大地上每个少年儿童都能读得上、读得起优质的图书。所以，在当前激烈的市场环境下，我们依然坚持低价位。

衷心祝愿"百角文库"得到少年儿童的喜爱，成为案头必备书，也热切期盼将来会有越来越多的人说"我是读着'百角文库'长大的"。

是为序。

马兴民

2023 年 12 月

目　录

热和光的源泉——太阳

每当你仰望晴朗的夜空时，总是可以看到满天繁星，除去少数几颗类似地球的行星以外，它们大都是像太阳一样的恒星。因为那些"太阳"离我们都非常非常远，所以看起来好像是一个个小小的光点。太阳是离我们最近的一颗普通的恒星。

而在太阳系，太阳可以说是这个"家族"的"家长"。

威严的"家长"

太阳是太阳系所有天体的主宰。它是太阳系里最大的天体，质量约为 2000 亿亿亿吨，等于地球质量的 33 万倍，占整个太阳系总质量的 99.86%。八颗大行星的质量总和才占太阳系总质量的 0.14%；其他所有小天体的质量统统加起来，只占太阳系总质量的不到 0.01%。太阳的巨大质量使它具有强大的引力，能够使地球和其他行星以及太阳系里的所有天体按照一定的轨道，围绕着它旋转。

太阳的半径约 70 万千米，大约等于地球半径的 109 倍。太阳的表面积大约相当于 1.2 万个地球。它的体积那就更惊人了，可以装得下 130 万个地球！

太阳各部分的密度不是均匀的，中心密度最大，向外慢慢减小，平均密度是每立方厘米1.4克，约等于地球平均密度的1/4。太阳表面任何物体所受到的日心引力，都要比地球表面任何物体所受到的地心引力约大28倍。也就是说，在地上0.5千克重的东西，拿到太阳上面去就会变成14千克重了。

太阳离我们有多远呢？根据现代雷达的测量和计算，日地平均距离约为1.496亿千米，通常说1.5亿千米。天文学上把这个距离当作一把尺子，计算行星、矮行星、小行星、彗星和恒星的距离都以它为标准，叫作"天文单位"。即使是跑得最快的光，一秒钟走30万千米，从太阳发出射到地球上，也得8分19秒。

在提到太阳与地球的距离时，前面加了"平均"二字，这是因为地球绕太阳旋转的轨道是椭圆形的，所以太阳离我们也是有远有近的。不过这种远近距离变化不大：在一年的时间里，太阳离我们最远和最近时大约相差500万千米，只相当于太阳与地球平均距离的1/30，不用仪器是很难察觉出来的。如果按一天的时间来计算，太阳离我们远近的变化就更小了，可以忽略不计。

日面奇观

太阳是一个巨大炽热的气体球。我们平常用肉眼看到的太阳像一个光亮的圆盘，叫作"光球"，是太阳大气最低的一层。它的厚度大约500千米，我们接收到的光和热就是从这里发出的。

虽然整个来说光球是明亮的，但如果我们

用望远镜仔细一点看，就可以看到，太阳的光球并不是均匀的、静止的。它上面有许多很小的斑点，像一锅烧开的粥，呈现出米粒状的结构，总数约有400万粒，多数出现在光球圆面中心，叫作"米粒组织"。"米粒"看起来很小，就像一粒一粒的大米，但是这样的"大米"没有一口"大锅"能装得下。它在太阳光球层上的实际直径小的约700千米，大的达1400千米。"米粒"的中心温度比边缘至少高100摄氏度。"米粒"在"粥锅"里翻腾，位置和形状变化很快，各"米粒"的亮度也不相同。它们的寿命很短，从出现、发光到消逝，平均寿命约8分钟，个别"米粒"的寿命可达15分钟。

太阳光球的边缘没有中央那样亮，那里有明亮的光斑出现。光斑比"米粒"的寿命长得多，一个光斑从出现到消失大约要15天，它很可能是光球外层比较热的气团。

引起人们更大兴趣的,是光球表面的黑子。黑子看起来像一个个不规则的洞。其实黑子并不黑,只不过是明亮的光球反衬的结果。一个大黑子能发出像满月那么多的光。因为黑子的温度大约要比光球的平均温度低1500摄氏度。这样相形之下,黑子就比较"黑"了。

黑子和光斑的关系很密切。黑子附近一定有光斑,有大光斑的地方也往往有黑子。一般来说,光斑出现在黑子形成以前,消失在黑子消失之后。

关于太阳黑子,我国有世界上最早的观测记录,从汉朝到明朝共记载了一百多次,包括发现的日期、形状、大小和位置等。以前人们观察黑子全靠肉眼。1610年,伽利略首先用望远镜观察太阳,看到了太阳上的黑子。

　　仔细观察黑子，可以看到黑子分成两部分：中心部分比较暗，叫作"本影"；外围部分比较亮，叫作"半影"。黑子有大有小，小黑子直径两三千千米，大黑子直径十万千米以上。

　　黑子的形状、大小和位置都在不断发生变化。它们从无到有，从有到无，有的只存在几小时，有的几个星期，少数的能"活"几个月，极个别的超过一年。

　　黑子常常成对或成群出现。它们从某些"米粒"之间的空白点诞生出来以后，往往发展成为两个具有相反磁极的大黑子，另外还有许多小黑子。复杂的黑子群由几十个大小不等的黑子组成。黑子群一般沿着东西方向排列，由东向西移动。一个大黑子在前"领路"，以每昼夜大约7000千米的速度飞奔。随着参加的小黑子越来越多，大黑子也越来越大。黑子群总是在东部边沿出现，自东向西经过太阳圆面，最后在西部边沿消失。

当一个黑子群发展到最多的时候，面积之大非常惊人。近百年来看到的最大的一个黑子，竟有 144 个地球的圆面积那么大。

太阳并不是每年都出现一样多的黑子，有的年份多一些，有的年份少一些。德国的一位药剂师、天文爱好者施瓦布，长年累月计数太阳黑子，发现黑子由少变多，又由多变少，有规律地变化着，这样周而复始的一个周期平均需要 11 年。人们把 1775 年规定为太阳黑子 11 年活动循环的第一个周期的起始年。那一年正是太阳黑子数极少的年份，以后逐年增加，达到极盛时期，然后逐年减少，回到极衰时期，完成一个循环周期。二百多年来，人们已经记录了 24 个完整的 11 年活动周期。

观察和记录黑子群有什么用处呢？科学研究证明，太阳黑子数与地球上的某些现象之间有着密切的关系。

如果太阳上有大群活跃的黑子出现，地球磁场就会发生强烈骚动，这种现象叫磁暴。这个时候，指南针会摇摆不定，不能正确地指示方向，无线电通信也会受到妨害。

树木年轮有宽有窄。仔细观察的结果发现，树木年轮的宽窄同黑子的变化有关，也有11年的周期。

黑子还帮助我们揭开了太阳自转的奥秘。我们已经知道,黑子总是在太阳东部边沿出现,自东向西经过太阳圆面,最后在西部边沿消失。这就表明,黑子被太阳带动着在自东向西自转。根据太阳上黑子的运行情况,可以推算出太阳的自转周期。

太阳和地球一样，也有赤道、两极。有趣的是，太阳从赤道到两极自转的周期各不相同：赤道地区自转最快，转一周只需 25 天，我们通常所说的太阳自转周期是 27 天，那是在日面上纬度 35 度处太阳自转一周所需要的天数；越靠近两极自转越慢；到两极附近，自转一周需要 34 天。假如太阳是个固体，那就不会出现这种情况。这种不是作为一个整体的旋转，从另一个方面向我们证明：太阳只可能是一个气体球。

在光球的外围

如同地球周围披着一件大气"外衣"一样，在太阳的光球层上，有更稀薄的气体围绕，呈红色，被叫作"色球"。色球的厚度达几千千米。色球外面是"日冕"，青白微弱的光芒可以延伸到好几个太阳半径远的地方。

平时我们用肉眼是看不见色球和日冕的。这是因为光球发射太阳的大部分光能，光很强烈，它的强光又被地球周围的大气所散射，使得太阳的周围明亮至极。而色球的光却很微弱，亮度只有光球的几万分之一，当然就要被地球大气的散射光掩盖了，就好像白天的星星和月亮被太阳光所掩盖一样。日冕的光更是暗淡，总亮度不到满月亮度的一半，只有白天天空亮度的几千分之一，我们就更看不见了。

过去人们只能抓住日全食的机会观察色球和日冕，现在科学家已经造出了一些专门仪器——太阳单色光观测镜和色球望远镜，可以用来观察太阳的中、外层大气，但是日全食仍然是我们认识太阳的极好机会。

　　发生日全食的时候，月亮完全遮住了太阳的光球，太阳高层大气的壮丽景色就展现在我们的面前了。看，月轮的周围像镶了一圈玫红色的花边，恰似一片烈焰翻腾的火海，这"火海"就是太阳的色球。仔细看看这时候的色球吧！火海中不停地喷射出明亮细高的火舌，长短宽窄不一，大都以每秒钟几千米的速度上升，又在几分钟内回落或熄灭。整个太阳圆面的周围同时有10万个这样的火舌，有的地方像茫茫草原卷起了熊熊烈焰，有的地方像灌木丛林在燃烧。

　　色球上有时候突然迸发一个或几个极为明亮的亮块，叫作耀斑。这种东西变化很快，开始个儿都比较小，接着迅速增大到几个甚至几十个地球那么大，几分钟到几十分钟后消失不见，只有个别大的可以存在几小时。这是由于太阳上惊天动地的爆发产生的，所以又叫"色球爆发"。一次耀斑爆发释放出的能量相当于10亿颗氢弹的爆炸，或者10万至100万次强火山喷发能量的总和，这是个大得骇人的数字。

耀斑活动与黑子活动关系密切，黑子多的时候，耀斑出现的机会也多。耀斑的寿命不长，但对我们地球的影响很大。可以说，在种种的太阳活动现象中，耀斑是最为剧烈和对地球影响最大的。当耀斑出现的时候，太阳会发射出大量的高能粒子和各种波长的电磁波，影响和干扰地球的磁场，产生强烈的"磁暴"。"磁暴"一起，电台的短波广播会遭到干扰甚至中断，执行任务中的飞机、舰艇会突然失去与指挥部的电信联络，高纬度地区输电网的电压显得极不稳定，甚至连正在飞翔的信鸽也会迷失方向，找不到家园。在地球的南北两极，"磁暴"还会使高空出现特别多五彩缤纷的极光，它们飘荡着、变幻着，闪耀着翠绿、淡绿、黄、红等各色绚丽的光辉。

因为太阳活动特别是耀斑对地球有巨大的影响，所以各国都在研究太阳活动预报，如同气象预报、地震预报等一样。太阳活动预报是一个十分重要的课题。

色球上另一种绮丽的景象是"日珥"。

日全食的时候，人们有时可以看到色球上巨大的朱红色气团升腾而起，高达几十万千米，延伸到色球层的外面，这就是日珥。它们有的像流烟，有的像云朵，有的像拱桥，有的像龙卷……人们把日珥称为色球上的"火焰喷泉"。

大多数日珥可以在色球上经历几小时、几天，寿命长的可以存在几个月，这叫作"宁静日珥"。它像地球上空的云彩那样，在气流的作用下随"风"摇曳，忽隐忽现，忽伸忽缩……变化快的叫"活动日珥"。活动日珥还可以进一步分为"相互作用日珥""龙卷日珥""电磁日珥"，等等。

"抛射日珥"的景色最为壮丽。它原来也是"宁静日珥"或"活动日珥"。往往当太阳上发生较大爆发的时候，日珥也会突然发起脾气来，把大量的气体物质抛向高空，上升速度达到每秒几百千米，升腾到几十万甚至上百万千米的高空，最后变得越来越稀薄，消失在茫茫的宇宙空间里。

日珥的多少同黑子一样，也有一个大约11年的周期。

色球层的外面就是日冕的地盘了。日冕是太阳最外层的大气，也是太阳大气最稀薄的一层，它的密度只相当于地球上大气密度的一万亿分之一。日全食的时候，月轮黑影的周围，色球层之外，是一片银色的"海洋"，无数支羽毛状的射线伸向宇宙空间非常遥远的地方，这就是日冕在向我们显露它的"庐山真面目"。

日冕的形状和太阳活动有关系：在黑子极盛的时期，日冕一般呈圆形，日轮外围有花瓣似的光芒，使得被月球遮住的太阳像朵大丽花；在黑子少的年份，日冕是扁的，两极区的光芒很短，赤道区的光芒拉长，而且分成丝缕，像刀剑一样伸向远方，有点像过去手工织布用的梭子。

利用日全食的机会来观察日冕当然很好，但是这样的机会毕竟太少了。现在，日冕仪制造出来了，把这种仪器放到高山上，等到雨后初晴，形成"人工日食"，人们就可以在没有日食时也能看到日冕靠近太阳圆面的部分——

内冕。至于外冕，那还是没法儿看清的。1973年5月14日，美国发射了"天空实验室"，它在距离地面四百多千米的轨道上飞行。这里没有大气的阻挡，没有大气对光的散射，天幕是暗黑的。"天空实验室"里装了许多天文观测仪器，取得了大量的太阳观测资料，其中光是日冕照片就有三万多张。人们对日冕的了解更清楚了。

原来，在密度异常稀薄的日冕里，不仅时常出现物质浓度、亮度和温度比周围高的"日冕凝聚区"，而且还有大片的暗黑区域"冕洞"。日冕主要由高度电离的原子和自由电子组成，温度一高，它们会不断地往外抛出带电的粒子，这就是所谓的"太阳风"。"冕洞"恰恰是"太阳风"的"风口"。

太阳中心的温度大约是1500万摄氏度到

2000万摄氏度，光球的平均温度是6000摄氏度。但是从色球往外，太阳大气的温度越来越高——色球底部的温度只有4500摄氏度，顶部升高到上百万摄氏度，而日冕部分的大气竟达到了100万摄氏度以上的高温。原因是什么，至今没有取得一致的结论。

别看色球和日冕的温度高得惊人，由于它们的物质太稀薄，所以发光的本领要比光球弱得多。

太阳表面的活动真是花样繁多，热闹得很哩！

天然热核反应堆

太阳是和住在地球上的人类关系最密切的天体，是地球热和光的源泉。它伟大庄严，慷慨无私，一刻不停地把大量的热和光供给整个太阳系家族的每一个成员，射向宇宙空间。地球受到太阳的照耀，才有光明温暖，才有风风雨雨，才有江水奔流，才有鸟语花香，才有生机万物。没有太阳，地球就会变成一个黑暗的、死气沉沉的世界。太阳是地球的母亲。

根据科学家们测量的结果，太阳光的总亮度大约相当于 50 万个满月的亮度，或者 5000 亿亿亿个 60 瓦电灯的亮度。太阳发出的能量究竟有多少呢？太阳表面每秒发出的能量大约是 90 亿亿亿卡，或者 382 亿亿亿瓦。这样大的能量，可以供地球上按现在的消费水平使用1000万年！地球从太阳那里获得的能量，只不过是太阳发出的总能量的 22 亿分之一。而且太阳光在穿越上千千米厚的大气层时，又被吸收掉一部分。这个数字看起来似乎很小，其实仔细算一算也很可观！如果全部加以利用，转化为电，那就可得 173 万亿千瓦的功率，相当于目前全世界发电能力的几十万倍。即使去掉大气的反射和吸收，到达地球表面的太阳能，也还有 81 万亿千瓦那么多。

太阳的威力如此巨大，当然同它本身有极高的温度有关。太阳表面的平均温度大约是 6000 摄氏度，越往里温度越高，到太阳中心，估计温度在 1500 万到 2000 万摄氏度以上！

太阳为什么有这么高的温度？是谁给予它无穷无尽的光和热呢？

此前，人们提出过许多猜想，但后来都随着科学的发展而被否定了。

直到 20 世纪，当人们对原子能逐渐有了认识以后，终于揭开了太阳放热发光之谜。原来，太阳的能量来源于核聚变反应。

通过对太阳的光谱分析，可以知道太阳是

由七十多种化学元素组成的。其中最多的是氢，约占太阳总质量的 71%；其次是氦，约占 27%；其他还有氧、碳、氮等，这些元素只占太阳总质量的 2%。

在太阳内部，越往里温度越高，压力越大。太阳中心的压力可达 3000 亿个大气压。我们知道，原子是由原子核和绕核旋转的电子组成的。原子失去全部或大部分核外电子，就变成了赤裸裸的原子核。在太阳内部这样一个高温高压的环境里，原子核到处乱窜，相互激烈碰撞，发生四个氢原子核聚变成一个氦原子核的过程，同时释放出巨大的能量，正像氢弹爆炸时发生的热核聚变反应一样。

现在我们明白了，氢原子核才是太阳获得能量的真正燃料。太阳是宇宙空间一座庞大的热核聚变反应堆。几十亿年来，太阳就是靠这种反应产生巨大的能量,由太阳内部传到表层,不断地放射出光和热。根据目前对太阳内部氢含量的估计,这种状态还能维持约 50 亿年。

地球——我们的母亲

地球是太阳系家族的成员之一，是八大行星中的"老五"（地球的体积和质量比木星、土星、海王星、天王星小，比金星、火星、水星大）。在茫茫无际的宇宙里，地球真好比是大海中的一滴水。

然而，就在这颗普普通通的星球上，发展出了具有高度智慧的人类，这是地球引以为傲的。到目前为止，在已知的其他天体中，还没有发现有生命存在的迹象。

地球是人类的家园，人类世世代代生活在地球上，用劳动和智慧把地球改造成生机勃勃、繁花似锦的世界。地球和我们每一个人都有着密切的关系。人类社会在发展，人类对地球的认识也不断地深化。

摆钟引起的争论

人类在地球上诞生已经有几百万年的历史了，但是，真正认识自己的"母亲"，却还只是近几百年的事情。

五百多年以前，意大利航海家哥伦布曾经想过，既然地球是个大圆球，如果要到东方的印度和中国去，不一定要向东走，向西航行应该也可以到达。他先后四次西航，发现了美洲，但是他误以为是印度。后来麦哲伦环球航行成功以后，人们才确信地球是球形的。

可是一只摆钟动摇了这个普通的观念，地球并不是一个浑圆的圆球。

1672 年，法国一位天文工作者里舍，被法国科学院派到南美洲赤道附近的卡宴去观测火星。他随身带了一只经过精确校正的天文摆钟。到达卡宴以后，这只摆钟忽然变得"懒惰"起来，每昼夜慢了 2 分 28 秒。工作完成之后，里舍回到巴黎，发现这只摆钟又恢复了它往日的"辛勤"，摆动加快起来。

为什么会出现这种情况呢？当时人们已经知道，钟摆来回摆动一次所需的时间同摆的长度有关，也与重力加速度有关。摆钟在卡宴比巴黎走得慢的这个事实，看来只能这样来解释：卡宴这个地方的重力加速度比巴黎小。

可是，重力加速度变小的原因何在呢？

1687年，牛顿用他总结出来的万有引力定律，对这个现象做出了解释。牛顿认为：如果地球始终停着不动，构成它的所有微粒只是单纯地互相吸引，那么从对称的理论来看，地球应该是球形的；但是，地球不停地绕轴自转，由于旋转的物体都有离心力，所以自转的地球内各部分物质都有离开地轴的趋势，就好像我们用手转动伞柄，雨伞会慢慢地张开来一样。赤道上圆周最大，这种作用也最大。结果就使地球的形状由原来的圆球形变成为在赤道附近往外凸出，两极地区趋于扁平的扁球形。说到这里，有的少年朋友可能要问，既然地球物质会向赤道移动，为什么地面上的流动物质，比如海水等，却没有都汇聚到赤道上去呢？这是因为地球已经形成扁平的形状，这样就能够抵抗地面上物体向赤道移动的趋势了。

　　既然地球的形状是两极扁平，赤道部分略微凸出的扁球，那么根据万有引力定律，越靠近赤道，地球中心对于地面物体的吸引力就越小，也就是重力加速度越小。所以，同样一只摆钟，放在靠近赤道的卡宴，要比放在离赤道较远的巴黎走得慢一点。

　　牛顿的解释在法国引起了轰动。当时大多数法国科学家还不承认万有引力定律是真理，甚至有人提出了与牛顿相反的看法，认为地球是一个赤道部分往里收缩、两极部分向外凸出的"长球"。

　　两种说法针锋相对，争论持续了几十年。

　　1735年，法国科学院组织了两支专门的测量队，花了好几年时间，对地球进行了大规模的精密测量。测量的结果证明地球确实是个"扁球"。不过，这个"扁球"扁的程度很小很小，有时甚至可以忽略不计。

"身材"和"体重"

地球的形状知道了,那么它的"身材"和"体重"呢?

大家知道,我们中国辽阔广大,领土面积960万平方千米,可是地球的表面能容纳得下五十多个中国。时速2500千米的超音速飞机绕地球赤道飞行一圈,得花费整整16小时。

对于这样一个躯体庞大的"巨人",应该怎样进行测量呢?

据说,在公元前3世纪后半期,古希腊有一位科学家叫埃拉托斯特尼,曾经对地球进行过测量,得出的数值同我们现在测得的地球周长已经非常接近了。

　　16 世纪以后，测量地球的方法和次数越来越多，使用的仪器越来越精密，测得的结果也就越来越精确。比较新的测量结果告诉我们：地球的赤道半径，也就是长半径是 6378 千米；两极半径，也就是短半径是 6357 千米。长短半径相差 21 千米。

　　把地球的长短半径之差，用赤道半径去除，得到的结果叫地球的扁率，约等于 1/298。扁率表示地球在两极方向的扁平程度。如果把地球设想成是一个 1 米直径的球体，那么两极半径只比赤道半径短 1.7 毫米，同一个真正的圆球实在相差无几。

　　知道了地球的半径，就可以推算出地球身材的其他数值；地球的圆周长度是 4 万千米多一点；表面积约 5.1 亿平方千米；体积是 10832 亿立方千米。

地球的身材量好了，现在还要知道它的体重是多少。

严格来说，重量是指地球对它上面物体的吸引力的大小，所以"地球的重量"这种说法是没有意义的。但是，地球同任何其他物体一样，都有自己的质量。我们平时所说的地球的重量，就是指地球的质量。

地球的质量是不能直接"称"出来的。牛顿发现万有引力定律以后，人们找到了几种间接"称量"地球质量的方法。1798年，英国物理学家卡文迪许用"扭秤"实验的方法，测出了"万有引力常数"的数值，进一步"称"出了地球的质量，他被称为第一个"称量"地球的人。英国格林尼治天文台的一位台长，用测量一座孤立大山的引力的方法，也推算出了地球的质量。人们对地球的"称量"重复进行了好多次，数值越来越精确。今天已经测知地球的质量是：5976 后面跟 18 个 0 那么多吨，或者说，大约 60 万亿亿吨。这个数字是相当精确了。

瞧，我们的地球就是这样一个"巨人"！

像陀螺一样地转动

从人造卫星上看，地球好像一个色彩绚丽、晶莹明亮的大圆球，静静地悬在空中。其实，地球并不是静止不动的，而是运转不息的。

早在两千多年以前，就有了地动的观点。后来，哥白尼更加明确地指出：天上的日月星辰离我们那么远，如果它们绕着地球转动，每昼夜旋转一圈，它们的运动速度实在太快了，简直不可思议。他认为，日月星辰的东出西没，是由于地球自转的缘故。

现在我们知道，地球的运动有两种，一种是沿椭圆轨道绕着太阳转，叫作公转；一种是绕着一根穿过南北两极的地轴像陀螺一样自己旋转，叫作自转。

地球自转一周就是一天，旋转的方向自西向东。所以在地球上总是看到太阳和月亮从东方升起，经过天顶，然后向西方落下。

由于地球在不停地自转，在同一时间里，总是有半面向着太阳，另外半面背着太阳。向着太阳的半面是白天，背着太阳的半面是黑夜，所以地球上有昼夜交替的现象。

由于地球在不停地自转，地球上各个地方相对于太阳的位置不断地改变，所以，各个地方都有自己的黎明、中午和子夜。

人们平常所使用的时刻，也是以太阳的方

位作为标准的。每当太阳升到正南方上空的时候，就算当地时间正午 12 点。

问题是地球在自转着，东边总是比西边早看到太阳，太阳在东边总是比在西边早升到正南方上空。正午的出现于是有早有迟，这就产生了"时差"。当北京是正午 12 点时，北京西面的拉萨才上午 10 点 18 分，北京的正午比拉萨早 1 小时 42 分。这种按照当地太阳照射情况决定的时间，称为地方时。这样，全世界不是就有千千万万种地方时了吗？使用起来多不方便啊！

正因为这样，在 1884 年举行的国际经度会议上，大家共同制定了一项标准时区制度，以便于遵守。这就是按一天 24 小时，地球旋转 360 度，把整个地球按东西方向分成 24 个"时区"，每隔经度 15 度为一个时区，相邻两时区相差 1 小时，同一个时区里的各个地方都采用统一的标准时。我国的领土辽阔广大，按世界标准应划分为 5 个时区，其中有 3 个是"整时区"，2 个是"半时区"。为了从实际需要和方便使用出发，现在都用首都北京所在的"东八区"时间作为全国统一的标准时间。这就是我们从广播中经常听到的"北京时间"。

可是，地球是一个圆球，它哪里算是最东面，哪里算是新的一天的起点呢？地球上本来没有一条天然的界线，用来区分"今天"和"昨天"。后来，经过人们协商，在亚洲和美洲之间、人烟稀少的 180 度经线附近，人为地划定了一条线，叫"国际日期变更线"，又叫"日界线"。为了避开一些岛屿，这条线是曲折的，它从北极开始，经过白令海峡，然后穿过太平洋，直到南极。一个新的日子从这里"诞生"，国际日期变更线的西面是"今天",而东面还是"昨天"。船只自东向西航行越过这条线,日期要增加一天,也就是跳过一天;而自西向东航行越过这条线时,日期要减少一天,也就是一天要计算两次。

一年四季

地球一边自转,一边绕着太阳公转,公转的方向和自转一样,都是自西向东。公转一周是一年。自转产生了昼夜,公转带来了四季。

地球是个略扁的圆球,垂直于地轴的赤道面把地球分成南北两个半球。当地球绕着太阳公转的时候,它的赤道平面同公转轨道平面斜交成一个23度26分的角。这就是说,地球是斜着身子绕太阳旋转的,而且在公转一圈的过程中，倾斜方向始终不变。随着地球在公转轨道上位置的不同，地球上的某一地区，一年中有一段时间倾向太阳，有一段时间背着太阳；有时候受太阳光的直射，有时候受太阳光的斜射。地球上各地区受阳光照射的情况虽然不同，却是在周期性地变化着，这样就产生了季节变化，形成了不同的气候带等。在南极和北极，一年中一些月份太阳不升起，另外一些月份太阳不落下，几乎总是在天边斜挂，正午的时候，太阳从地面升起也不是很高，气候终年寒冷，这就是南寒带和北寒带。在赤道两旁的地区，太阳总是来回直射，得到的光和热量多，气候终年炎热，这就是热带。寒带和热带之间的地区是南温带、北温带。在这两个地带，太阳不会到天顶，也不会不升不落，气候适中，四季分明。我国就处在北温带。

　　我们中国处在地球的北半球。大家在实际生活中都能感觉到，尽管太阳每天都是东升西落，可是在不同季节的同一个时间，太阳在天空中的位置是不一样的。夏天的时候，太阳几乎是当空直射，照射的时间也长，天气很热；夏至那天中午，太阳在天上的位置最高，昼最长，夜最短。而南半球的情况正好相反，北半球是夏季，南半球就是冬季。往后，太阳就慢慢地斜向南方，天气也渐渐地凉起来；秋分这一天，昼夜长短相等。这个时候，太阳直射赤道，南北两个半球倾向太阳的程度一样，是北半球的秋季，南半球的春季。当我们进入冬天的时候，太阳的位置已经偏南很多，淡淡的阳光斜射地面，天气很冷；到了冬至那天中午，太阳在天上的位置最低，昼最短，夜最长。这时候，南半球倾向太阳，接收到较多的阳光，进入了炎热的夏季。冬至以后，太阳又渐渐移向头顶，天气慢慢地暖起来。直到春分，又是太阳直射赤道，全球昼夜平分。北半球到了春季，南半球就是秋季了。

由于在地球南北方所处的位置不同，一天内受到日照的时间不一样，昼夜长短的变化也就有差别。赤道附近，昼夜的时间基本相等，变化不大；越向两极，昼夜时间的长短相差越大。到了南北两极，那就更加彻底：半年永昼，半年永夜。太阳升上地平线以后，循着螺旋形的轨道缓缓上升，到达它的最高位置，再慢慢地盘旋回来，然后落下地平线。一年中有半年时间，太阳斜斜地挂在地平线附近；另外的半年时间，看不到这个发光圆盘的一点影子。在我国，南方和北方昼夜时间的长短也不一样。北方夏季的白天很长，冬季的白天很短。海南岛昼夜时间相差最多 2 小时，北京的相差最多 6 小时，哈尔滨的相差最多可达 7 小时 20 分，道理就在这里。

我们都在飞速前进

现在我们知道，地球是动的，而且是以人们意想不到的速度在运动。

地球在绕轴自转，这根地轴穿过南北两极，所以在地球的表面，各地的直线速度大不一样：靠近南北两极，因为离地轴很近，所以速度很小，趋向于零；越靠近赤道，速度越快，最大可达每秒 460 米，远远超过了声速。

同时，地球还在公转，它绕太阳公转一圈需要一年，可这一圈的路程有多长呢？9.4 亿千米。地球绕太阳公转的轨道是个椭圆，因此，有时候离太阳近些，有时候离太阳远些。地球沿轨道运行中，离太阳近的时候走得快些，离太阳远的时候走得慢些，平均速度每秒大约30千米，一小时10.8万千米。地球公转的速度更快！

地球运动的速度那么快，为什么我们在地球上的人竟会一点也察觉不出来呢？我们骑上自行车飞奔，即使是无风的天气，也会觉得有一股风迎面吹来，既然地球在由西向东高速自转，为什么我们感觉不到有从东吹来的狂风？我们站在地上，向上抛出一个皮球，球落下来还是在原来的地方，既然地球自西向东转得极快，为什么球不会掉在抛出点的西面？这样的问题还可以提出很多。总而言之，如果拿我们平常的感觉来判断，要说地球在动，特别是在做高速运动，实在有点离奇。

原来地球在飞速地平稳地运动,由于惯性,地面上所有的山林、田野、房屋以至水、空气,还有我们人等等都一起跟着运动,可是我们却感觉不出来,反而以为地球不动,而是日月星辰在绕着地球旋转哩!

嫦娥居住的地方——月亮

古今中外，流传着多少关于月亮的美丽神话！在我国，几乎谁都知道"嫦娥奔月"的故事。人们把月亮想象成一个瑰丽无比的天上世界，那里有金碧辉煌的广寒宫，有翩翩起舞的嫦娥仙子，有吴刚挥斧砍伐那永远也砍不倒的桂树，还有一只小小的蟾蜍在兴高采烈地蹦来蹦去，一只红眼睛的小白兔拿着石杵在捣药……

月亮上的情景真的是这样的吗？

"广寒宫"的真面目

1609 年，意大利科学家伽利略制成了一架简单的望远镜，首先用它来观察月亮，迈出了人类用科学仪器观测天体的第一步。观察结果使伽利略大为惊奇：原来，月亮并不像人们想象的那样洁白无瑕，景色迷人。月亮上有明有暗，瘢痕累累，有些地方还凹凸得十分厉害。伽利略认为：那些明亮的部分不断改变颜色，一定是山脉；那些总是黑暗的部分，一定是海。他还给月面上这些暗的部分起了海洋的名称，比如"云海""湿海""雨海""冷海""风暴洋"，等等。

四百多年来，继伽利略之后，人们辛勤地观测月亮，绘制了许多幅月面图，一张比一张精细。不过，人们在地球上看到的月亮，只是它朝着我们的那张"笑脸"，却始终看不到它的"后脑勺"。直到 1959 年 10 月 7 日，苏联火箭"月球三号"第一次飞到月亮背面，把它的"后脑勺"照了相回来，这才使我们认识到月亮的全貌。原来，月亮的背面也同样荒凉坎坷，山地比正面更多一些。

1969 年 7 月 21 日，美国东部时间下午 4 时 17 分，美国宇宙飞船"阿波罗 11 号"成功地登上了月球。晚上 10 时 56 分，"阿波罗 11 号"的指令长阿姆斯特朗第一个踏上了月面。人类遨游月宫的幻想终于实现了。

此后，阿波罗飞船又先后 6 次送 12 名宇航员登上月球。他们拍摄了 15000 多张照片，搬回 380 多千克月亮岩石和土壤样品，在月亮上设置了 6 台核动力试验站和自行测试装置，向地球发回了大量的数据资料。于是人类对月亮有了更清楚更深刻的认识。

月亮在太阳系的卫星中虽然不算最大的，但是跟它的主星——地球相比，月亮却是个大卫星。月亮的平均直径3475.8千米，大约相当于地球直径的1/4；它的表面积是3800万平方千米，相当于地球表面积的1/14，比我们亚洲的面积稍微小一点；月亮的体积是220亿立方千米，等于地球体积的1/49；月亮的质量是7350亿亿吨，大约等于地球质量的1/81；月亮物质的密度是每立方厘米3.34克，相当于地球密度的3/5。这样大比例的卫星，在太阳系里是少有的，月亮和地球简直像是一对行星。

月亮离我们有多远呢？从月亮到地球的平均距离是38.44万千米，相当于地球半径的60倍，约等于环绕地球赤道10圈的行程。

月亮绕地球旋转的轨道也不是正圆，而是椭圆形的，所以离我们有远有近：最近的时候只有36.33万千米，最远的距离是40.55万千米。如果我们注意观察，可以看出月亮有时候显得大一些、亮一些，离我们最近的时候要比最远的时候看起来大12%，亮30%。

月亮表面的暗斑，就是伽利略称之为"海"的部分。实际上，月亮上根本没有水，"月海"有名无实，发暗的部分是比周围低洼的广阔平原。最大的"月海"——风暴洋的面积约500万平方千米，比我国面积的一半还要大一些。"月海"共22个，约占月亮总面积的40%。其余60%发亮的部分被称为"陆"。这里是高地和山脉，峰峦重叠，沟壑纵横。"陆"比"海"平均高出1500米。

月亮上遍布着环形山。环形山一般是圆形

的，四周山壁凸出，内坡比较陡峭，外坡比较平缓，样子很像火山口。有些环形山中心还耸立着一个孤立的山峰，叫"中央峰"。环形山的山壁有高有低，一般高度在 200 米到 5000米之间。环形山的范围有大有小，最大的环形山是月亮南部边缘的贝利环形山，直径 295 千米，四周山壁高达 4250 米，简直是被高山包围的大平原，把我国的海南岛装进去还绰绰有余。有些环形山四周山壁不高，可是中间底部深陷。最深的是牛顿环形山，比外围的平原低 7000 米，比山壁低 8858 米；把地球上最高的珠穆朗玛峰装进去，看不见山尖。

月亮上的环形山很多，"陆"上有环形山，"海"里也有环形山，"陆"上的环形山比"海"里的多。用望远镜能够看清的直径在 1 千米以上的环形山，有 3300 多个，直径在 1 千米以下的只能算是坑穴了，多得不计其数，把月面弄得千疮百孔，瘢痕满目。

环形山是怎样形成的呢？有两种说法。一种说法认为是火山喷发的结果。火山喷发时岩浆喷涌出来，向四面八方流去，形成了环形山壁，火山口就是环形山中间的盆地。另一种说法认为行星际空间有许多游荡的石头——流星体，因为月亮没有大气保护，它们可以毫无阻拦地冲击月面，造成坑穴和环形壁。这两种说法都有道理，有待进一步探索研究。

月亮上的"海"徒有其名，可山却是名副其实。山脉不多，大多以地球上山脉的名字命名。月亮上的山同地球上的山相比毫不逊色，甚至更加险峻陡峭。最长的山脉长达 1000 千米。月球南极附近的莱布尼兹山脉，最高的山峰高达 9 千米，地球上的最高峰见了它也得"甘拜下风"。

除了"海"和山以外，月面上还有许多其他结构：以环形山为中心向四面八方伸展的长而宽的条纹——"辐射纹"，像峡谷一样长长的裂缝——"月谷"，"海"的分支——"湾"，比"海"高而比"陆"低的区域——"沼"，范围比较小的"暗块"——"湖"，等等。

同地球一样，月亮上也有土壤，厚度从几厘米到几十米。人们原来以为月亮上的尘土很松软，可人类登上了月球以后，留下的第一个脚印却只有几分之一厘米深。土壤里含有氧、硅、铁、硫、钴、铝、镁、钛等元素，没有发现与地球上不同的新元素。很有意思的是，这些土壤里含有不少玻璃质的小珠，它们很可能是流星体撞击月面，产生高温高压，熔化了岩石，向周围飞溅形成的。

土壤下面是岩石，大多是由熔岩凝固而成的玄武岩。在地球上很普遍、含量很丰富的钠和钾，在月球上倒很少见；而在地球上相当稀有的锆、铪（hā）、钇和稀土元素，在月岩中含量却很高。月岩中含有很多的铁、铝和钛，将来可以开发这些矿藏，用来满足人类的需要。人们利用放射性纪年法，测得月面岩石的最高年龄是 47.2 亿年，与地球年龄差不多。很可能月亮和地球是在同一种环境条件下，同时诞生的。

月球上确实荒凉沉寂，但还不是一个完全僵死的天体。它内部的温度仍然相当高，月震、山崩、火山喷发等类似地质变动的自然现象也在发生。月球还在活动着。

月亮有圆有缺

月亮有时圆，有时缺，总是在有规律地变化着。人们天天看着这种变化，却不一定知道它的原因。

早在 1800 多年以前，我国东汉天文学家张衡就认为，月亮本身不发光，是太阳照耀反射出来的光。宋代学者沈括进一步指出，月亮的形状像弹丸，太阳照耀才反射出光来：开始的时候，太阳在月亮的旁边，光从一侧照它，我们就看到"月如钩"；以后太阳渐渐离得远了，阳光斜照，月相也就慢慢地"满"起来。沈括还用一个半边涂了白粉的球做实验：从侧面看，涂粉的地方好像一个弯钩；从正面看，却是一个正圆。

月亮确实也是一个黑暗的天体，自己不会发光，是靠反射太阳光而发亮的，所以我们才能看见月亮。月亮是地球的卫星，它不停地绕着地球运行；同时，月亮又和地球一起，环绕着太阳转动，这样就造成了太阳、地球、月亮三者之间的相对位置不断发生变化，我们就在地球上见到月亮有圆有缺。月亮圆缺的各种形状，叫作"月相"。

当月亮转到太阳和地球中间，太阳照亮月亮的背对地球的部分，这时候，月亮和太阳一同从东方升起，又一同在西方落到地平线下，所以我们看不见它。月亮在这个位置是"新月"或者叫作"朔"。"朔"以后两三天，太阳光能够照亮月亮朝着地球那半球的边缘部分，我们可以在太阳落下去的西方天空，看见一钩弯弯的月牙儿，叫蛾眉月。这就是"初三四，月如眉"的来历。月亮逐渐转到与太阳和地球的连线成直角的位置，被我们看见的明亮部分不断增大，这时候就能看到半个明月，叫作"上弦"。半月一过，月亮一天比一天地圆起来，就到了"凸月"的阶段，难怪群众以"七洼八平九鼓肚"的说法来形容"上弦"前后几天的月相变化哩！等到月亮转到与太阳完全相对的一面，也就是地球在太阳和月亮中间，太阳光把月亮对着地球的半面完全照亮的时候，每当夜幕降临，我们就能看到圆圆的月亮，叫作"满月"，或叫"望"。人们常说"八月十五月正圆"。不过严格来说，"满月"不一定在农历十五，也可能是十六，甚至十七。

这以后，月亮被我们看得见的明亮部分逐渐变小，经过凸月，又变成了半亮半暗的半月，叫作"下弦"。这时候，月亮要到午夜才能在东方出现，天亮以后仍可以在天空看见它。再过几天，下弦月"瘦"得只剩下弯弯的镰刀似的月牙，黎明时才开始出现，称为"残月"。又过几天，月亮终于完全看不见了，又回到了"朔"，新月时期重新开始。

月亮完成这样一个周期变化，平均需要29天12时44分3秒。这样的时间间隔叫"朔望月"，农历的一个月就是根据它来确定的。因为"朔望月"的天数不是整数，就取个约数29.5天，月大30天，月小29天。

月亮绕地球公转，也有自转。前面说过，月亮始终用它那张"笑脸"望着我们，就是月亮自转的证明。因为月亮自转一周所需要的时间，正好同它绕地球公转一周所需要的时间相等。如果月亮不自转，或者自转周期与公转周期不同，那么我们就能看到月球的全貌了。由于月亮沿轨道旋转时有点摇动，所以月亮表面有41%老向着地球，41%老背着地球，18%有时候看得见，有时候看不见。

月食和日食

在科学不发达的古代，人们认为日食和月食是不祥之兆，特别是一看见日全食就更加惊慌失措，说是天狗要吃太阳了，于是人们敲起铜盆，呐喊呼哨，要把"天狗"赶走。

日食和月食是自然现象。当我们在阳光下或是月光下行走的时候，总会有一条影子紧紧地跟随着。在太阳的照耀下，地球和月亮身后也拖着一个长长的影子。这个神秘的黑影就是月食和日食的真正"制造者"。

前面已经说过，在农历月初的时候，月亮

转到太阳和地球的中间，如果这一天三个天体正好在一条直线上，月亮身后的影子正好落在地球上，挡住了射到地球上来的太阳光，我们将会看见一个黑暗的圆盘遮住了太阳，这时候就会发生日食。日食可分为三种：太阳表面全部被月亮遮掩，叫作日全食；月亮遮住太阳的一部分，叫作日偏食；如果月亮遮掩了太阳的中心部分，周围留下一个环状的光圈，叫作日环食。

月食的产生和日食产生的原理一样。所不同的是：日食是由于月亮的影子造成的，而月食是由地球的影子造成的。农历十五、十六或十七的时候，月亮转到了地球的身后，地球处在太阳和月亮的中间，这时候，如果它们三个正好排成一条直线，月亮被地球的影子遮住了，太阳光照不到月亮上，就会发生月食。月食分两种：月亮被黑影全部遮掩叫月全食，被遮住一部分叫月偏食。

那么，为什么不是农历的每个月初都发生日食，每个月中都发生月食呢？

假设月亮绕着地球旋转的轨道和地球绕着太阳旋转的轨道是在一个平面上，那么我们每个月都可以看见一次日食和一次月食了。问题是月亮绕地球旋转的轨道和地球绕太阳旋转的轨道并不在一个平面上，两个轨道平面之间夹着一个5度9分的角度。你可以做一个小模型：用铁丝做两个圈，大圈表示地球轨道，小圈表示月亮轨道。再用橡皮泥捏成三个大小不同的小球，分别代表太阳、地球和月球。这样，你就可以清楚地看到，太阳、地球、月亮经常不是在同一个平面上，尽管月亮每月都有一次转到太阳和地球之间，但是地球和月亮的位置往往是一个偏上、一个偏下，月亮的影子遮不住太阳，就不会发生日食。只有在农历初一，也只有这一天月亮在地球和太阳之间，日、月、地三个正好处在一条直线上的时候，日食才会发生。而这种情况的出现是难得的。同样的道理，月食也不是每个月都有。根据天文学家们详细的计算，从整个地球来说，日食每年最多五次，最少两次；月食每年最多三次，最少一次都没有。一般一年里有四次日、月食。

虽然一年里发生日食的次数比月食多，但我们看到日食的机会却比看到月食的机会少。因为月食是太阳光被地球挡住，不能达到月亮造成的，所以，能够看见月亮的半个地球上的人都能同时看见月食。由于地球的影子比月亮大很多，所以月食从开始到终了，可能长达四小时，月全食的时间可以长达一小时四十分。

日食是太阳光被月亮遮住造成的，月亮比地球小很多，它的影子落到地面，只占地球表面很小一部分，所以，每次日食地球上只有一部分地方的人看得见，能看见日全食的区域就更小了。全食带是又细又长的一条，宽度不会超过两三百千米，有时只有几千米。全食带附近的地方只能看见日偏食。日全食只有在月亮离地球很近，看起来比太阳大的时候才能产生。如果月亮不能把整个太阳遮住，就可能产生日环食，月影的周围露出一圈光环。地球上每个地方平均三百多年才能看到一次日全食。整个日食过程可以持续两小时以上，而日全食时间只有三四分钟，最长七分半钟。

在日、月食现象中，日全食是最美丽的，也是最有意义的。

近百年来，天文工作者们常常组织观测队，

花几个月的工夫，做好一切准备，带上笨重的仪器，到遥远的日全食地带去进行观测。他们是去欣赏自然界的壮观吗？不只是那样。他们利用这个宝贵的时机，要观测一些平时难以观测到的现象。日全食在科学研究上有着重要的意义。

我国是世界上最早有日食和月食记录的国家，在两千多年以前就已经能够比较准确地推算和预报日食和月食了。

地球的"兄弟姐妹们"

在太阳的"家族"里，已经发现的大行星有七个，它们都可以称为地球的"兄弟姐妹"。

下面，让我们由近及远，一个个来介绍它们与你相识。

离太阳最近的水星

水星是离太阳最近的行星。按个子大小，它排倒数第一。喷气式飞机只要用十几小时就能绕水星飞行一圈。

水星与太阳的平均距离是 5800 万千米，还不到地球与太阳平均距离的 40%。如果到水星上去看太阳，比我们在地球上看到的太阳要大 6 倍多。

因为水星离太阳近，轨道半径小，而运行的速度又最快——大约每秒 48 千米，所以它绕太阳转一周所需要的时间是八大行星中最短的——88 天。你看，地球上过一年，水星已经绕着太阳转了四圈多了。它可真是一个精悍瘦小的"长跑健将"。难怪古罗马人给它起名叫"墨丘利"，因为墨丘利是神话中的天使，他行动敏捷，是专门为众神传送信息的。

要测定水星的自转周期比较困难，一是因为水星离太阳很近，常常被淹没在光辉夺目的阳光里；二是因为它的表面没有什么明显的特征可以作为精确测定的标记。19世纪末，有人把水星表面一些模糊的斑纹作为标记进行观测，测出水星自转一周等于地球上88天左右。也就是说，水星同月球一样，自转周期与公转周期相等，也是始终以半面朝着太阳。对于这个结果，几十年来，人们信以为真。直到1965年4月，射电天文学家才测出水星的自转周期是58.65天，差不多是它公转周期的2/3。水星自转三圈，就过了两个"水星年"！

1974年、1975年，美国发射的"水手十号"探测器，发回来水星的电视图像，人们看了不禁惊奇地叫起来："多么像月亮的表面啊！"

是的，水星的外貌和月亮很相似。

它们的个子大小差不多。水星的直径是4878千米，月亮是3480千米。

月球上没有一滴液态的水，水星上也没有

水。这当然同它的名字是不相称的。

月球上几乎没有大气，水星上也没有，如果有也是非常稀薄。而且天文学家认为，水星可能也和月球一样，在它们形成初期，原始大气很稠密，但是因为它们的质量小，对表面物体的吸引力小，拉不住活蹦乱跳的大气分子，所以经过长年累月的不断逃逸，现在已经所剩无几了。水星极为稀薄的大气里含有氦、氢、氧、碳、氩、氖、氙等元素成分。

由于没有大气和水的调节，水星和月球一样温度差别很大：向着太阳的一面，温度最高有四百多摄氏度，连铅、锡等金属都会被熔化；见不到阳光的一面，温度下降到零下一百六七十摄氏度，成了酷寒的低温王国。水星上没有四季的变化。

没有了大气的保护，水星表面留下了许许

多多流星撞击的痕迹，布满了大大小小的环形山。看来，"环形山是月球的特产"这种说法应该修改了。此外，水星上还有平原、裂谷、盆地。但是，也有一些特征是月球上没有的，比如，在有些环形山中间，夹着陡壁悬崖，这些悬崖有 3000 米高，几百千米长。

在我们地球上看来，水星还同月球一样有位相的变化。这是因为水星离太阳近，公转轨道在地球公转轨道的里面，这样，当它绕着太阳公转的时候，就有时把被太阳照亮的半面对着我们，有时把背着太阳黑暗的半面对着我们，所以看起来水星就有盈亏圆缺的变化了。

在地球上，我们能够看到水星吗？

能，当然能，但是比较困难。据说，伟大的天文学家哥白尼想亲眼看看水星，可一生也没有如愿。原因还是因为水星离太阳太近，简直同太阳形影不离。它好像在同我们捉迷藏，有时候躲到太阳身后，我们根本看不见；有时候跑到太阳前面，淹没在夺目的阳光里。只有当它转到太阳的两侧，并且离太阳比较远的时候，我们才有可能在黄昏太阳落山之后，看到它出现在西方地平线上空，成为暮色苍茫中的"昏星"。在早晨，它有可能出现在破晓的东方地平线附近，成为曙光微曦中的"晨星"。它跟着太阳的前后出没，时间相差从来不会超过两小时。

当水星转到地球和太阳中间，有时候我们会在太阳圆面上看到一个小黑点掠过，这种现象称为水星凌日。水星凌日的条件和发生日食的条件相似，每100年平均发生13次。

水星的外表像月球，它的内部结构却像地球。它有一层固体的外壳，里面是一个巨大的铁质核心。地球是一个巨大的磁体，水星也是一个有磁场的行星。

水星没有卫星，是个孤零零的"光杆司令"。

最明亮的金星

从紧靠着太阳的水星数起，第二颗行星是金星。金星离我们地球最近的时候，相距只有4200万千米。在我们用肉眼能够看见的星星中，除了太阳和月亮以外，金星是最亮的一颗。它像钻石一样闪闪发光，亮度抵得上15颗天狼星。在大气洁净透明的日子里，我们甚至在白天也能看到它。我国古代劳动人民喜爱它，称它为"太白金星"。在外国，人们把罗马神话中爱神——维纳斯的名字献给了它。

金星总是在太阳两侧徘徊，出没的时间比

太阳差三小时以上。太阳落山之后，暮色降临，金星首先出现在西方地平线不远的上空，预示着长夜就要来临，人们称它为"长庚星"；黎明时分，它在太阳之前从东方升起，启示着黎明已经来临，人们又叫它"启明星"。在古代，人们误以为那是两颗星，说"东有启明，西有长庚"，其实是同一颗星，那就是金星。

金星是那样的明亮，除了离我们近，还有一个原因，就是它反射光的能力很强。离金星表面30千米到40千米的地方，有一层20千米到30千米厚的浓云，好像害羞的少女蒙上了一层面纱。这层面纱很特别，是由极小极小的浓硫酸雾组成的，能够把75%的阳光反射回去。

金星和地球的大小差不多，而且彼此之间距离又很近，可是金星的大气成分却与地球截然不同。金星的大气层里，二氧化碳占了96%，另外还有少量的水蒸气、三氧化硫、氮、氧、氩、氖等。金星大气很浓厚，密度是地球大气的100倍，这使得金星的天空总是橙黄色的，白天不亮，晚上不黑。金星表面的大气压约为地球的90倍，一个篮球带到金星上，将被压缩成乒乓球那么大。大气里大量的二氧化碳，起到了类似温室的保护罩作用，使金星表面的热量不能痛痛快快地散发出去；再加上金星比地球靠近太阳，接收的太阳热量多，所以金星就成了太阳系八大行星中温度最高的一个，表面平均温度高达480摄氏度，而且基本上没有地区、季节、昼夜的区别。

有了大气，大气的温度又有变化，自然就会刮风。不过，金星底层大气比较宁静，风速一般在每秒2米左右，只相当于地球上的一级风。越往高层，气流扰动越强烈，五六十千米的高空有强大的旋风，风速达到每小时三四百千米，比地球上十二级大风的风速还大得多。

那么，金星上会不会降雨呢？也许会降，但那是一种永远也降不到金星表面的雨。因为金星的表面太热了，雨降到半路就会变成水蒸气，水蒸气上升重新凝结成水滴，水滴降下来又变成水蒸气。这样上上下下，翻腾不息，反正在金星表面是看不到水的。

金星离我们最近，可是过去我们对它的了解却很少，原因就在于那层厚厚的"面纱"挡住了天文学家的视线，使人很难看清它的"庐山真面目"。从 1962 年以来，美国和苏联先后发射了十多个空间探测器到金星探测，带回来大量的资料，绘制了金星表面的地图，才知道金星由于有浓厚大气层保护，它的表面比较平坦，大部分表面覆盖着尘土、棕褐色石块，尘土下面是岩石。地理情况和地球十分相似，平原占金星表面积的 60%，有一些缓慢凸起的小山丘和许多类似陨星坑的环形阴暗区；低洼地区占 16%，类似地球上巨大的盆地，其中面积最大的一个有北大西洋那么大；剩下就是高原地区了，最大的高原面积约有非洲的一半，有一个高原与地球上的青藏高原相像，但面积要比青藏高原大一倍。高原上有笔直的悬崖，有挺深的峡谷，有蜿蜒起伏的山脉和陡峭的山峰，最高峰高约 1.1 万千米，比喜马拉雅山的珠穆朗玛峰还高。

金星离太阳的平均距离是 1.08 亿千米，以每秒 35 千米的速度绕着太阳转圈，每转一圈所需的时间是 224 天又 17 小时。这就是说，金星上的 1 "年"，相当于地球上的 7 个多月。

关于金星的自转周期一直是个谜。直到 20 世纪 60 年代，人们用雷达探测，才有了肯定的结果。金星自转很慢，转一圈需要 243.4 天，比它绕太阳公转一周的时间还要长一点。在这里，真可以说是"日长年短""度日如年"啊！

更有意思的是，地球和它的其他兄弟姐妹都是自西向东自转，唯独金星例外，是自东向西逆转，因此，在金星上看到的太阳是西升东落的。"太阳从西边出来"这句话在金星上成了事实。

观测金星比较容易，只要用一个 8 倍的望远镜就能够看得相当清楚了。金星和水星一样，都属于内行星，所以我们看它也有盈亏圆缺的变化。当金星公转到太阳和地球中间，并且掠过太阳圆面的时候，我们就看到了"金星凌日"

的现象。但是，发生金星凌日的机会比水星凌日还要少。

金星和水星一样，孤零零的没有卫星。

荧荧似火的火星

火星离太阳比地球远，从太阳得到的热量比地球少，所以，那里的平均温度比地球要低30摄氏度以上。在火星赤道附近，中午时候也只有20摄氏度左右；晚上温度很快下降，最低达到零下80多摄氏度。两极地区温度更低，在漫长的极夜，最低温度能降到零下139摄氏度。

这就奇怪了！这样一个寒冷的星球，为什么要给它起名叫火星呢？因为它看起来是红色的，荧荧似火，飘浮在遥远的太空之中，位置又不固定，亮度也不断变化，令人迷惑，所以，我国古代叫它"荧惑"。在古罗马，人们从它的颜色想起了血与火，就用战争之神"玛尔斯"来命名它。

火星绕太阳旋转的轨道在地球轨道的外面，是所谓的外行星。它离太阳时远时近，远的时候 2.48 亿千米，近的时候 2.06 亿千米，平均距离 2.279 亿千米，离地球的最近距离只有 5600 万千米。

既然是外行星，火星的公转轨道当然比地球公转轨道要大，偏偏它又跑得比较慢——每秒 24 千米，于是火星的公转周期就比地球的公转周期长得多，火星上的一年几乎等于地球上的两年，大约 687 天。它自转一周所需的时间是 24 小时 37 分，火星上的昼夜几乎跟地球上的昼夜相等。

另外，火星和地球一样，它的自转轴和公转轨道平面斜交成一个角度，这就使它也有四季的变化，只是每一季的延续时间差不多是地球上的两倍。

和地球相似，火星上也存在大气，但是比地球的少，火星大气的压力大约只有地球大气压力的1%。火星大气的主要成分也是二氧化碳，大约要占总量的95%以上。另外还有百分之二三的氮，百分之一二的氩，以及一氧化碳和氧等。水汽的含量很少，只有地球大气层中水分含量的1/2000。

那么，在温暖潮湿的季节里，火星是不是也会降点雨呢？有些人认为火星上能够降雨。因为人们用望远镜观察火星，发现火星的两极戴着白色的"极冠"，这极冠的大小是随着季节的变化而变化的：当北半球是冬天时，北极冠增大，这时南半球是夏天，南极冠缩小；当北半球是夏天时，情况正好相反。极冠的这种变化，使人想到它可能是巨大的冰层。夏季极冠缩小，说明它正在融化。冰层融化了，大气中的水蒸气不就多了吗？水蒸气一多，不就有可能降雨了吗？

但是，事实证明，极冠并非全都是真正的冰，其中很大一部分是由二氧化碳凝结而成的干冰。极冠里到底储存着多少水，现在还很难估计。再说，即使极冠里有很多水结成的冰，但因为火星上的气压低，所以冰遇热会直接升华成为水蒸气，水蒸气遇冷又直接凝结成冰——火星表面是没有液态水的。如果火星大气中的水蒸气都凝结成水，平均分布到它的表面，也只有 0.01 毫米那么厚，比地球上最干燥的沙漠地区还少 100 倍。由此可见，火星表面是多么干燥啊！

随着空间技术的发展，人们利用空间探测器来对天体进行考察。从 1964 年到 1977 年，美国陆续对火星发射了"水手号"和"海盗号"两个系列共 8 个探测器，特别是 1971 年 11 月，"水手九号"对火星表面的大部分区域照了相，从而使人们对火星的表面有了比较完整、清晰的认识。1976 年 7 月和 9 月，"海盗一号"和"海盗二号"先后在火星表面软着陆，它们给火星表面精细照相，采掘土壤样品，搜寻有没有有机分子，特别是为探索火星上是否有生命进行了直接生物学化验。同时，苏联也发射了一系列命名为"火星"的空间探测器，研究火星和它周围的空间。所有这些探测器给我们带来许多关于火星的新知识，大大丰富了人们对火星的认识。

火星表面有明有暗，明亮的区域约占火星总面积的 75%，人们把那里叫作火星的"大陆"或"沙漠"。沙漠部分被红色的硅酸盐、铁的氧化物和其他金属的化合物覆盖着，所以呈现出红色，火星也就成为太空中的"红色国土"了。比较暗的区域称为"海""海湾""湖"，等等。这些"海""湖"同月球上的"海""洋"一样，名不副实，里面一滴水也没有。

火星的地形比较复杂。南半球分布着很多环形山，几乎可以跟月球相比；北半球的环形山比较少，相当平整。火星上最大最古老的环形山叫"奥林匹斯山"，直径 600 千米，中央峰顶要比周围平地高出 26 千米，是地球上最高峰的 2.8 倍，也是人类已知的最大火山。火星上有已经停止活动的死火山，还可能有正在喷发的活火山。北半球有许多火山的熔岩，分布达几百千米，有些火山区有深陷的悬崖和裂纹。"海盗二号"上的地震仪还曾经记录到一次火星上发生的地震——"火震"，震级约为三级。火星上的火震要比月球上的月震频繁一些，但远远没有地球上的地震那么经常和强烈。

火星是个荒凉死寂的世界，别说没有活蹦乱跳的动物，就连苔藓一类的低等植物也杳无踪影。在地球上看到的那随着季节而变化的暗区，原来是火星上经常发生的"尘暴"。大风一起，飞沙走石，大量的尘埃被风卷起来，带到各个地方，往往一刮就是几个月。

火星有两颗卫星："火卫一"和"火卫二"。火卫一的最长直径是 27 千米，离火星中心是 9370 千米。火卫二的最长直径只有 15 千米，离火星中心为 23500 千米。

因为火星的这两个伙伴都很小，离火星又

很近，所以很难看到它们。早在 18 世纪末，著名的天文学家威廉·赫歇耳就曾努力寻找过火星的卫星，但是没有找到。另一位天文学家阿勒斯特也曾搜索过火卫，也没有结果。到了 1877 年，美国天文学家霍尔用当时世界上最好的天文望远镜搜寻火卫，那时候火星离地球很近，只有 5600 万千米左右，开始仍然搜寻无果。霍尔感到很失望，当他快要失去信心的时候，他的夫人斯蒂尼关心他，鼓励他继续坚持下去，最后终于在望远镜里捕捉到了火星的这两个小伙伴。这样，人们就把火卫一上最大的环形山命名为"斯蒂尼"。火星是希腊神话中的战神，人们就把战神的两个儿子的名字给了火星的卫星——火卫一叫"福波斯"，火卫二叫"德莫斯"。

不过战神的这两个"儿子"的外貌可真不

英俊，它们活像两个烂土豆。坑坑洼洼的，很不规整，被认为是太阳系中的不规则卫星。它们形影不离地绕着火星旋转。它们一个跑得很快，一个走得很慢。火卫一公转一圈只需 7 小时 39 分，而火卫二公转一圈却要 30 小时 18 分。如果到火星上去"赏月"，那就会看到这样的绝世奇景：一个"月亮"（火卫一）因为运动速度快，使它在火星上看来，从西方升起，到东方落下，一夜之中，两次跑过天穹。另一个"月亮"（火卫二）从东方升起后，缓缓移动，好几天才下沉到西方地平线下。

"大胖子"木星

在八大行星中，木星是离太阳第五远的行星。如果按体积和质量的大小来排列，那么，木星应该稳坐第一把交椅。它是行星中的"巨人"，1300 个地球捏合在一起才有它一个那么大。它的质量相当于地球质量的三百多倍，是太阳系其他行星总质量的两倍半。木星体积庞大，反射太阳光的能力很强。虽然它离太阳和地球都比火星远得多，但是我们看起来它比火星亮。除了金星以外，木星就是天上最亮的星星了。西方人用罗马神话中众神之父——"朱庇特"的名字来称呼它。

木星周围有一层一千多千米厚的大气。大气成分主要是氢气和氦气，氢占 82%，氦占 17%；其他还有氨、甲烷、水蒸气、乙炔、乙烷、磷化氢，等等，加在一起只占 1%。在翻腾着的木星大气里，经常会发生闪电的现象。

科学家们根据空间探测器拍摄的照片和发回的资料，大致地描绘出了木星的结构模型：

中心部分是一个半径一万多千米的固体核心，由铁和硅组成，温度高达3万摄氏度；核的外围是液态金属氢，厚约3.6万千米，温度1.1万摄氏度，压力300万个大气压；再往外，就是一片普通的液态分子氢的"海洋"了，厚2.4万千米左右，温度还是很高——5500摄氏度。这样的"热海"当然没有人敢下去游泳，整个"海"面由于对流而波涛汹涌，滚滚沸腾。木星就是这样一个体积庞大的液态氢球。

这个液态氢球在快速旋转着。它用9小时50分左右自转一圈，是八大行星中自转最快的。很难想象，像木星这样的庞然大物，能够像芭蕾舞演员那样轻盈地急速地旋转，然而这却是事实。正是因为木星自转得很快，所以它的赤道部分向外"甩出"，形成一个扁球体，赤道半径要比极半径长5000千米。

　　我们用望远镜观察木星，可以看到一些和赤道平行的、明暗相间的云带。这些云带是木星快速自转产生的大气环流，其中比较明亮的白色或黄色的云带叫作条斑，比较晦暗的红棕色的云带叫作带纹。从南到北，这样的云带共有17条，非常绚丽壮观，被看作木星的象征。

　　除了彩色云带以外，木星表面还有五颜六色的斑点或斑块。在木星赤道以南，有一块出名已久的大红斑，特别引人注目。它的颜色发红，形状像鸡蛋，长两万多千米，宽一万一千多千米，可以容纳得下两个地球。它是1665年，意大利天文学家卡西尼发现的，到现在已经300多年了，形状始终是老样子，颜色和大小却常有变化：有时呈鲜红色，有时呈玫瑰色。宽度比较稳定，长度伸缩较大，最长可达四万千米。

　　神秘的大红斑是什么呢？有人以为它是冷的氨气的凝结物，飘浮在木星表面的大气之中，还有人认为它是浮在液氢海洋上的大冰山。"旅行者一号"的考察结果告诉我们：这是一股耸立高空、凸出云顶8千米的强大旋风。它像一个巨大的旋涡，按逆时针方向不停地旋转。旋涡或气流中含有红磷化合物，红斑的颜色可能就是这样得来的。那么，是什么力量驱使着这股强大的旋风维持几百年不散？这个问题直到现在还没有找到答案。

　　木星和太阳的平均距离是地球和太阳的平均距离的5倍多，它的表面单位面积所接收的太阳能，只有地球的1/27。按理论计算，木星云层表面的温度应该是零下170摄氏度，但是实际测定却是零下150摄氏度至零下140摄氏度。而且，在木星上，深夜也不比正午冷多少，这又说明了什么呢？

过去人们一直认为，别的行星都和地球一样，主要是靠太阳辐射的光和热获得能量。到20世纪60年代末，科学家们发现，木星是个例外。木星本身释放出来的能量，比它从太阳那儿得到的能量还多一倍半，也就是说，"支出"大于"收入"。这说明木星内部还有自己的热源。

那么，木星内部的热源究竟是什么呢？一种解释认为：木星正在缓慢地收缩，气体分子在收缩的过程中运动加快，能量就以热的形式散发出来。另一种解释是：木星的中心有原始的热源，大约在45亿年以前，木星刚开始形成时，就积累了大量的原始热能，储存在木星的核心里，通过对流的方式慢慢地向外输送。

"旅行者一号"探测器还发现，木星的两极地区有巨大的极光，长达三万多千米。这是地球上从来没有见过的最大的极光，也是人类第一次在地球以外的天体上发现极光。

"旅行者一号"还有一个重大的发现，就是木星也有光环。在这以前，人们已经知道土星有光环，天王星有光环，现在，木星成为太阳系中第三个带环的行星。

木星光环的厚度不到 30 千米，宽度至少 6000 千米到 8000 千米以上，环的外缘距离木星中心约有 12.8 万千米。这个环是由大量的黑色碎石块组成的，石块的直径从几十米到几百米。它们都飞快地绕着木星旋转，大约 7 小时转一圈。因为这些碎石块是黑色的，几乎不反射太阳光，所以长期以来没有被人们发现。

木星有卫星。要问它们有多少，嘿，真不少呢，到 2023 年，天文学家已经发现了 92 颗木星卫星。前四颗大的卫星，过去一直认为是伽利略在 1610 年 1 月 7 日最早发现的，称为伽利略卫星。最近，我国天文学家经过考证和研究，认为中国战国时期的天文学家甘德，早在伽利略之前 2000 年，就已经发现了木卫三。伽利略之后，一直到 1892 年才发现木卫五。以后望远镜上加了照相机，20 世纪初就陆续找到了木卫六、七、八、九；木卫十、十一是 1938 年发现的；13 年后又找到了木卫十二；1974 年找到了木卫十三。至于发现木卫十四、十五、十六，那是 1979 年以后，空间探测器的功劳。随着天文观测技术的不断进步，木星的卫星数量还在不断增加。

你看，这么多卫星前呼后拥地伴随着木星运行，在太阳系中自成一体，简直像是一个小小的太阳系了。

这些卫星彼此之间也很不一样。就体积来

说，木卫三最大，直径 5276 千米，个儿比水星还大，在太阳系的卫星中也算是"老大哥"；木卫四第二，直径 4820 千米左右。

木卫一是一颗干燥的星球，有广阔的平原和起伏不平的山脉。它最大的特点是有一些活火山，有的火山以每小时上千千米的速度向外喷射物质，高度达到好几百千米，是在太阳系内观测到的火山活动最为剧烈的天体。

木卫二是颗明亮的天体，说明它被冰层覆盖，冰层底下可能有深达上百公里的液态海洋，科学家认为那里可能有生命存在。它的表面有网状裂缝的地形，看上去像蛋壳被压破了的鸡蛋一样，有的裂缝竟有几千米宽，几千千米长。

木卫三和木卫四的个儿虽然大，可密度较小，很可能是冰和岩石的混合物。它们都被流星撞击和火山喷发弄得瘢痕满目，千疮百孔。

如果到木星上去赏月，那可真是热闹：天上有几十个"月亮"，大小不同，明暗不等，快慢有别，方向不一，一定会把你搞得眼花缭乱、目不暇接的！

美丽多姿的土星

土星是太阳系里的奇观，它美丽多姿，世界闻名。

是因为它身材娇小,显得玲珑精巧吗？不，在太阳系的行星中，无论个儿还是体重，土星都是"老二"，仅次于木星。它的赤道直径12.1万千米，身体里能容纳下七百多个地球，长得一点也不秀气！

是因为它晶莹璀璨、光彩照人吗？也不是。土星和太阳的平均距离14.27亿千米，离我们地球也在 12.77 亿千米以上，在我们地球上看来，土星的光芒不仅比金星差得远，而且比木星也要暗得多。在 1781 年发现天王星之前，人们还以为土星是离太阳最远的行星哩！

那么，究竟是什么使土星具有那么大的魅力呢？

是光环，美丽的光环使土星姿色迷人。

有人可能会说，光环有什么稀奇？木星不也有光环吗？

是的。但是木星的光环是由大量的黑色碎石组成的，几乎不反射太阳光，所以长期以来没有被人们发现。而土星的光环却是由无数像流星一样的小块固体——粒子和砾石组成的，它们在太阳光的照射下，银光闪闪，绕在土星的腰部，把土星打扮得多么妩媚！有人说，土星光环是大自然依靠自身的力量完成的一件精妙绝伦的艺术品。自从 1659 年土星光环被荷兰天文学家惠更斯发现以来，人们把许许多多的赞美的话献给了它。三百多年来，土星成了天文学家和业余天文爱好者最喜欢观测的天体之一。

土星光环一共有好几个，一个套一个。总宽度有好几万千米，而厚度却只有几千米。如果把土星光环设想为一个直径一米的圆环，那么，它的厚度比一张纸还薄。所以从望远镜看去，土星套着光环就好像戴了一顶发光的宽边大礼帽一样。几个光环并不紧挨在一起。1675 年，天文学家卡西尼发现，在 A 环和 B 环之间有一圈宽约 5000 千米的缝隙——卡西尼缝。以后，这样的缝隙又发现了几个，于是就分开成了几个光环。不仅每两个光环之间有缝相隔，而且各环当中还有更窄的空隙。

1980 年 11 月 13 日凌晨，美国"旅行者一号"空间探测器在离土星 124240 千米远处掠过土星，自动发回了 1 万多张关于土星的彩色照片和各种数据，其中有些新的发现使科学家们大吃一惊，发现土星比原来想象的要复杂得多。在土星光环的平面里，有成百成千条大小不等的环。它们大多是对称的环，看起来就像是唱片上的波纹，但也有的是不对称的。这些环大多光滑匀称，但也有一些是锯齿形的，有些呈辐射状，还有的环甚至像发辫一样扭在一起。这些光环全部在土星的赤道面上，都是同心环。它们以不同的速度绕着土星旋转。有意思的是，土星环本身就能放出无线电信号，功率高达几百万瓦。

土星的光环是美丽的，但是它的形状老是在变化，有时还爱跟人开玩笑，突然消失不见，让你找不到它。这又是怎么回事呢？

原来，土星和我们地球一样，也是侧着身子绕着太阳旋转。土星光环受阳光照射的位置不断变化，它就不断地以不同的角度朝向我们。这样，我们在望远镜里看到的土星光环，在不同的时间里就会有不同的形状和亮度。有时候像一顶宽边大礼帽，悬在空中；有时候像一只花篮，很是诱人；有时候像一条项链，横在土星中间，把它一分为二；而当它的侧边朝着我们的时候，薄薄的光环就干脆看不见了。在土星绕着太阳公转一周的过程中，土星光环要跟我们这样"捉迷藏"两次。

如果能到土星上去观赏一下光环，那可一定很有意思！土星的几条光环都是绕着土星旋转的，有的转得快，有的转得慢。那绮丽的景色只有你闭着眼睛去想象了。

　　土星是个"虚胖子"，它的个儿是地球的750多倍，可它的质量却只相当于95.2个地球。它的密度是八大行星中最小的，只有地球的1/8，是水的0.7倍。如果真有那么一个大海能够放得下土星的话，那么土星就会像橡皮球那样漂浮在水面上。

　　这样看来，组成土星的物质很轻，不可能是固体了。天文学家们早就发现，土星从赤道到两极，各处的自转速度不同，这说明土星的外层也同木星一样是流体。现在一般认为：土星有个直径大约2万千米的岩石核心，占土星质量的15%，核心外面包着一层5000千米左右厚的冰层，冰层外面是金属氢，厚度约8000千米，最外面就是伸展范围极广的分子氢层了。

　　同木星一样，土星表面也缭绕着色彩绚丽的云带，一条一条地和土星赤道面平行。从天文望远镜看去，云带以金黄色为主，还有橘红色、奶黄色，南北两极的云带是蓝中带绿的。土星大气的成分也和木星一样，主要是氢和氦，但是氨的成分比较少，而甲烷的含量比较多。

土星离太阳几乎要比木星远一倍，所以土星表面的温度要比木星的低。从理论上计算，土星表面的温度应该是零下二百多摄氏度，但实际测定却是零下170摄氏度左右，这说明土星跟木星一样，也有自己内部的"热库"。土星散发出来的热量比它从太阳接收到的热量大一倍还多。

土星、木星这两颗最大行星之间，还有很多相似的地方：木星自转很快，土星自转也不慢，只要10小时40分就自转一周；木星由于快速自转而形状变扁，土星也没有逃脱这一规律，它的赤道半径要比极半径长六千多千米。

但是，土星公转的速度，比木星要慢，每秒 9.64 千米，绕太阳一周等于地球上 29.5 年。

自从 1655 年，惠更斯发现了土星的第一颗卫星——土卫六以来，到 1978 年共发现了 10 颗。近几年来，"先驱者"十号、十一号和"旅行者"一号、二号先后采访了土星，提供了大量的资料。截至目前（2023 年），已经确定的土星卫星数目增加到了 117 颗。土星有这么多的卫星簇拥着在天空中运行，景色是多么壮观啊！

在这些土星卫星当中，最引人注目的是土卫六。这是最先发现的一颗比月亮还要大的土星卫星，也是太阳系中目前所知的唯一有大气的卫星。"先驱者"十一号和"旅行者"一号先后拜访了土卫六，给它描绘了一幅新的画像：土卫六像一只熟透了的橘子，表面掩盖橘红色的云雾，大气层的厚度达 2700 千米，超过了地球。大气的主要成分是氮，占 98%，甲烷只占 1%，另外还有少量的乙烷、乙炔、乙烯，等等；大气温度只有零下 200 摄氏度，氮气有可能冷凝成微小的液滴，在卫星表面形成液体氮的湖泊。

遥远天涯的"兄弟们"

直到 200 多年前，人类还一直把土星看作是太阳系的边界。当时都只知道天上有六颗行星：水星、金星、火星、木星、土星和我们的地球。

水星、金星、火星、木星、土星用肉眼就能看见。我们的祖先很早就认识了它们，并且把它们同太阳、月亮合称为"七曜"。意思是说，它们是天上七个有光芒的、能够照耀人间的天体。

1781年3月13日，古老的太阳系边界第一次受到了质疑。德国天文学家威廉·赫歇耳，用自己制造的望远镜看到了一颗蓝绿色的天体，在众星之间缓缓移动。这是一颗过去从来没有见过的星星，它离太阳要比土星远得多。这是一颗什么星星呢？是彗星，还是新的行星？尽管这颗星星没有一条长长的尾巴，但是这位业余天文学家兼乐师还是把它当成了一颗彗星。因为当时没有人想过天空中除了那五颗行星和地球外，还会有别的行星。1781年4月26日，他向英国皇家学会宣布了这个新的发现。

后来，经过很长时间的观测，积累了丰富的资料，计算出这颗星星围绕太阳运转的轨道差不多是圆形的，而彗星的轨道是又扁又长的椭圆形，人们这才肯定这是一颗新的行星。大家遵守以神话人物命名行星的传统，用天神"乌拉纳斯"的名字来命名它，翻译成中文就叫天王星。

天王星被发现以后，人们对它的运行规律不断地进行观测，发现用万有引力定律来计算别的行星的运动轨道都很准确，就这个天王星总是不大安分守己，不能很好地遵循计算出来的轨道运行。是什么力量使它偏离本来应该遵循的运行轨道呢？

天王星的发现不仅突破了传统的太阳系的边界，而且也使人们的思想得到了一次解放。天文学家在望远镜里看着天王星的行踪，可思想却已经跑到了比天王星更远的地方：会不会在天王星的轨道外面还有一颗行星，由于它的吸引，使天王星的运行反常呢？

英国剑桥大学学生、23岁的亚当斯和法国的青年天文工作者勒维耶，他们确信天王星的行动失常是受到一颗未知的行星的影响，并下决心要找到它。他们谁也不知道别的国家还有自己的对手，各自推算着这颗未知行星的位置。亚当斯经过两年的计算，得到了结果。1845年10月21日，他把计算结果送给了英国皇家天文台台长艾里，请求他用天文台的大型望远镜来找这颗行星。但是艾里不大相信这个年轻人。

1846年8月31日，勒维耶也完成了他的计算，并给法国科学院写了一份报告。9月16日，勒维耶又给德国柏林天文台的观测人员加勒写了一封信，请他帮助寻找这颗不知名的行星。9月24日，加勒看到勒维耶的信，当天晚上就和两个助手一起，把望远镜对准了勒维耶信中指出的那片天空，仅仅花了半小时的工夫，果然找到了这颗新行星——我们太阳系的第八颗大行星。因为在望远镜里看到的这颗新发现的行星是蓝颜色的，人们就把罗马神话中的大海之神的名字——"尼普顿"给了它，我们把它译作海王星。这时候，艾里也发现了亚当斯在一年前计算的海王星的位置是正确的。所以，人们常说海王星是勒维耶和亚当斯在笔尖上发现的新行星。

发现海王星以后，人们注意到单凭它的吸引还是不能完满地解释天王星的反常运行，而且海王星本身的运行也不那么"循规蹈矩"。那么，是不是在海王星之外还有一颗行星呢？

天文学家们就开始寻找太阳系的第九颗行星了。他们根据寻找海王星的经验，推算出这颗尚待寻找的行星运行的轨道。但是，直到现在也没有找到。[1]

海王星和天王星也都是我们地球的远在天涯的"兄弟"。海王星与太阳的平均距离是 45 亿千米，相当于地球与太阳平均距离的 30 倍。天王星与太阳的平均距离是 28.72 亿千米，等于地球离太阳平均距离的 19 倍多。在天王星上看不到水星和金星，连地球也被淹没在太阳的光辉里。

不过，论个头儿，天王星、海王星在太阳系的八大行星中，它们比大个子木星、土星小，但是比其他行星都大。它们的体积分别是地球的 67 倍和 57 倍，质量是地球的 14.6 倍和 17.2 倍。这就是说，它们长得都不结实。

1.1930 年，美国天文学家汤博发现了冥王星。2006 年，国际天文学联合会（IAU）通过决议，正式将冥王星排除出行星行列，降级为矮行星。

　　因为天王星、海王星远在天涯，绕太阳公转的轨道半径很大，所以它们的公转周期也就很长很长：天王星要 84 年；海王星将近 165 年。

　　别看它们公转周期很长，自转的速度却是不慢的：天王星自转一周约需 24 小时，跟地球不相上下；海王星上的一昼夜是 22 小时，比地球上的一昼夜短不了多少。

　　天王星和海王星有很多相似之处：体积大，密度小，长得都挺稀松；公转周期长，自转周期短；由于自转速度快，所以赤道部分往外凸出呈扁球形；内部有一个金属、岩石的核心，核心外是冰层，冰层外是厚厚的大气层，大气的主要成分是氢、氦、甲烷……

　　这些"远方兄弟"离太阳都很远，所以接收到的太阳热量更少，表面温度也就更低。天王星的表面温度是零下 210 摄氏度，海王星是零下 230 摄氏度。

天王星、海王星也都有卫星。天王星有 27 颗卫星，海王星有 14 颗卫星。天王星的卫星中，天卫三最大，直径大约 1578 千米。海王星的卫星中，海卫一的半径比月球还大，不到 6 天就能绕海王星转完一圈。

天王星不光有卫星，而且有环。那是 1977 年 3 月 10 日夜里，发生了天王星遮掩恒星的罕见天象。当天王星还没有遮掩这颗恒星的时候，恒星的光就已经暗淡下来了。中国、美国、印度、澳大利亚等国的天文工作者都在那天晚上进行了观测，意外地发现了这个现象。科学家们综合分析了几个天文台的观测资料，肯定天王星周围存在着由细小微粒组成的环带，正是这些环先挡住了恒星的光芒。这是人类发现的第二个行星的环。那时候，土星环已经是人所共知的了，木星环直到 1979 年才被发现。
1989 年，海王星环被发现。

天王星环有几个？一开始发现认为是 5
个。对观测资料进一步分析，并且对以后两次
天王星环遮掩星星事件进行了观测，发现在各
环之间还有几个小环。这样，天王星环一共被
发现了 9 个。截至目前，天王星环共有 13 个。

天王星还有一个古怪的特点，就是它的自
转轴几乎就在它的公转轨道平面上，它不是像
跳芭蕾舞那样站着旋转，而是好像躺着"就地
十八滚"的星球。天王星上的四季和昼夜与地
球上的大不相同：它的北半球是"夏季"的时
候，北极几乎是直对着太阳，而南半球则完全
处于黑暗的"冬季"之中；南半球到了"夏季"，
北半球就是黑暗的"冬季"。当然，这里说"夏
季""冬季"，是指对着太阳还是背着太阳来

说的。前面已经说了，天王星离太阳很远，表面温度零下 200 多摄氏度，即使在阳光直射的"夏季"，也是非常寒冷的。

海王星同我们地球的情况相似，侧着身子绕太阳旋转，所以一年也有四季的变化。可是，海王星上的一季大约相当于我们地球上的 41 年！

这些遥远的"兄弟们"离我们实在太远，有关它们的许多情况，我们现在还不大了解，需要继续去研究、探索。